钱江源·国家公园丛书

——国家公园视角下的钱江源摄影作品选萃

汪长林 ◎ 主编

中国林业出版社
China Forestry Publishing House

编辑委员会

顾　　问：	王章明	鲁霞光	夏盛民							
主　　编：	汪长林									
副 主 编：	钱海源	吾中良	方　明	汪家军						
编　　委：	朱建平	汪　峰	汪灶海	徐宇艳	余顺海	余建平	叶　凤	童光蓉	宋小友	何斌敏
	程凌宏	陈小南	武克壮	徐谊明	凌晨文	凌素培	余文英	汪东福	詹翠玉	尤登法
	陈声文	王为芹	陈国荣	郑建春	周建平	周林高	丁海兵	姜舒君	徐文越	廖喜娟
	汪怡心	姚　驰	徐　浙	徐　琦	姜伟东	周崇武	蓝文超	汪俊红	余航远	方　健
	余杰亮	穆文东	程星光	幸炽豪	郑晞慧	舒　琪	江　晓	汪　昊	詹　颖	郑东红
	赖祥飞	江　帆								
文　　字：	林　浩									
摄　　影：	陈培勇	陈　旭	段刚强	戴肖松	方承豪	傅长江	傅剑钢	方坤丰	方　翔	胡凯丽
	李晓明	李益华	李志强	潘　金	钱新华	王春华	汪福海	汪礼成	吴佩欣	汪顺香
	吴卫防	汪永锋	谢　斌	徐光辉	徐良怀	余问清	羊　正	张词祖	张　辉	钟槐春
	詹金女	周建云	郑焜泽	朱启平	邹水根	朱曙升	张小平			
视觉设计：	杭州玄鸟文化传播机构									

图书在版编目（CIP）数据

视界钱江源：国家公园视角下的钱江源摄影作品选萃／汪长林主编．－－北京：中国林业出版社，2022.8
（钱江源·国家公园丛书）
ISBN 978-7-5219-1796-3

Ⅰ．①视…Ⅱ．①汪…Ⅲ．①国家公园－介绍－开化县②摄影集－中国－现代Ⅳ．①S759.992.554
②J421.8

中国版本图书馆CIP数据核字（2022）第144538号

中国林业出版社·自然保护分社（国家公园分社）

责任编辑　肖　静　刘　煜

出　　版	中国林业出版社（100009 北京市西城区刘海胡同7号）
	http://www.forestry.gov.cn/lycb.html
发　　行	中国林业出版社
制　　版	杭州玄鸟文化传播机构
印　　刷	杭州现代彩色印刷有限公司
版　　次	2022年8月第1版
印　　次	2022年8月第1次印刷
开　　本	787mm×1092mm　　1/16
印　　张	7
字　　数	50千字
定　　价	68.00元

未经许可，不得以任何方式复制或抄袭本书之部分或全部内容。

版权所有　侵权必究

前 言

"水是眼波横,山是眉峰聚"——水是钱江源头水,山是开化古田山。

钱江源头活水和古田山原生森林,是钱江源国家公园最亮丽的两张名片。源头活水清澈、灵动、深邃;大面积常绿阔叶林葱翠、原始、广袤。那些大场景图片带来的震撼,足以弥补不能亲临其境的遗憾。而那些细致入微的拍摄,也让钱江源国家公园的美纤毫毕现。

草木华滋,万物生长——钱江源国家公园是无数自然界生灵的栖息地。

与相机镜头的不期而遇,让我们可以一睹自然界的神奇和美妙。白鹇的飘逸灵动,穿山甲的憨态可掬,黑麂的神出鬼没,还有不时在红外相机前"自拍"的各种小兽……生命的奇迹每天都在这里上演,自然的传奇时刻都在更新,摄影师记录下的是瞬间,也是永恒。

万千气象,人与自然——钱江源国家公园的美,是多元的。

一年四季,阴晴雨雪风霜雾。本次摄影图集拍摄的跨度为整整一年,摄影师们有足够的时间抓取到不同季节、不同气象条件下的"另类"钱江源国家公园——从千里冰封到江南夜雨,从春光灿烂到秋风萧瑟,不一而足。

作为人口稠密地区,这里的人们敬爱自然、敬畏自然。从各种历史记载和民俗活动中我们可以看到,在钱江源国家公园,人与自然和谐相处之美早已深入人心。

这本书是钱江源的视界,呈现的是世界的钱江源。

目　录

前　言　/　I

壹　源头活水　/　001

贰　原生森林　/　014

叁　生灵万物　/　028

肆　万千气象　/　068

伍　自然与人　/　084

源头碑是钱江源国家公园的象征，碑文由乔石委员长题写

壹 源头活水

"问渠那得清如许？为有源头活水来。"

钱江源的水长年不断，即使在枯水期也是如此。它在一年四季中变幻莫测。无论是涓涓细流，还是银河飞瀑，或是清波似镜……都是钱江源头水的美丽化身。

钱江源的水是纯净的，如孩子的明眸，忽闪之间，透露着生机与活力；钱江源的水是温柔的，如母亲的臂弯，蜿蜒流转，哺育着两岸万千百姓；钱江源的水是灵动的，如敦煌的飞天，翻飞跳跃，演绎出世间绝美的画面。

山环水绕，一派壮丽的钱江源山河图景

壹 源头活水

来自钱江源大峡谷的神龙飞瀑,如一道银河悬挂在青山之上

俯瞰古田湾

壹 源头活水

水面被天空染出了蔚蓝的颜色

壹 源头活水

这里的水如玻璃一般剔透

壹 源头活水

邂逅林间飞瀑

视界 钱江源 —— 国家公园视角下的钱江源摄影作品选萃

清池之中别有蓝天

潺潺溪流

贰　原生森林

森林是人类的摇篮，对我们具有天然的吸引力。

钱江源国家公园拥有全球稀有的原生常绿阔叶林，林木葱翠，汇成林海。这里的植被很有特色，融合了华东、华南、华中、华北等地的植物成分，是联系华南和华北植物的典型过渡带，是华东地区重要的生态屏障。

森林是一个神奇而美妙的世界，自由自在又神秘莫测。每一片树叶，都好似一个琴键，奏响生命的乐章。漫步林间，薄雾缭绕，如白纱般柔柔地飘浮在空中。阳光化作了一丝丝金色的纱线，穿透重重叠叠的枝叶，在地上形成了斑驳的光影。每一棵树，每一条藤蔓，都展示着自己的生机和活力。在这里，可以忘却尘世的烦恼，尽情享受森林的洗礼。

钱江源中亚热带原生常绿阔叶林原貌

密密层层的林冠

貳 原生森林

飞鸟投林,森林成为最亮丽的背景色

高低错落的林间植被

贰 原生森林

原始森林的春天

林间的斑驳光影

貳 原生森林

充满原始气息的森林群落

贰 原生森林

根的奏鸣曲

林中小品（一）

贰 原生森林

林中小品（二）

叁 生灵万物

钱江源国家公园,一个野生动植物的天堂。

在钱江源国家公园,大自然每天都在上演着生命的奇迹。在这个大家园里,栖息着两栖爬行类动物64种,鸟类264种,兽类44种,昆虫2013种。其中,国家重点保护野生动物58种。它们守护着各自的领地,共同享受着大自然的馈赠。

白鹇的飘逸灵动,穿山甲的憨态可掬,黑麂的神出鬼没,还有时不时在红外相机前"自拍"的各种小兽——这是钱江源国家公园最真实的日常写照。

国家一级重点保护野生动物白鹤在钱江源

一只正在觅食的黑麂

白颈长尾雉雄鸟色彩绚丽,身段优美

白颈长尾雉雌鸟与雄鸟外表相差甚大

这只穿山甲似乎正在思考"人生"

叁 生灵万物

在钱江源发现国家一级重点保护野生动物海南鸦的身影

国家二级重点保护野生动物褐林鸮

五彩斑斓的红嘴相思鸟

小天鹅在水中起舞

勺鸡

在溪涧闲庭信步的白鹇

叁 生灵万物

枝头的一窝牛背鹭，似乎正在开家庭会议

紫啸鸫

白头鹎

正在哺育后代的红嘴蓝鹊

叁 生灵万物

鸳鸯戏水

长相颇为英俊的领角鸮

一只表情坚毅、自信满满的倭花鼠

一条颈棱蛇正匍匐在岩石上,似乎正在搜索猎物

尖吻蝮(人称"五步蛇")正埋伏在岩石背后,伺机而动

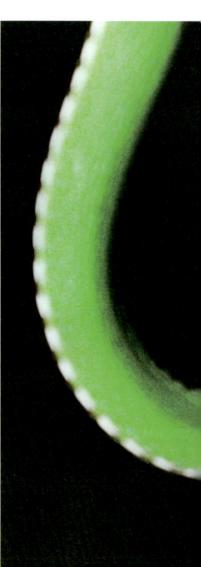

叁 生灵万物

浑身如翠玉的福建竹叶青正准备出击

猕猴

钱江源国家公园里的各种小兽

叁 生灵万物

鼬獾

华南兔

刺猬

黄鼬

049

黑斑蛙

弹琴蛙

绿臭蛙

五彩斑斓的蛙类

镇海林蛙

花臭蛙

水下世界的精灵

虾虎鱼（一）

虾虎鱼（二）

灰纹蝶

青凤蝶

苎麻蝶

蓝豆娘停驻在河中石面上

齿缘刺猎蝽

荔蝽

短刺铁甲虫

阿里山崎齿瓢虫

中华斑鱼蛉

象鼻虫

光怪陆离的钱江源昆虫世界

这是一株结果的南方红豆杉

国家二级重点保护野生植物长柄双花木

钱江源国家公园中俯拾皆是的各种苔藓

叁 生灵万物

橘黄裸伞

镜头下亭亭玉立的野生真菌

小脆柄菇

野生木耳

叁 生灵万物

各种环境下的不同菌类，共同呈现一个钱江源真菌王国

肆 万千气象

一山有四季,十里不同天。

钱江源国家公园的美是多元的。春天的万物勃发,夏天的浓荫翠绿,秋天的五彩斑斓,冬天的冰封天地。无论什么时候来钱江源,欣赏到的都是一年中最独特的风景。

即使在同一个季节,钱江源的美也是多变的。晴天,阳光洒在森林之上,化作万千柄金色长剑,刺破宁静的空气;雨天,水滴敲打着树叶,仿佛按动大自然的琴键,奏出生命的乐章;雾天,山岚在林间起伏飘舞,营造出一个个世外桃源、人间仙境;雪天,天地一片苍茫,冰凌挂上枝头,一派壮丽的北国风光。

每时每刻,钱江源都在展现着独特的魅力。

雾锁金秋

云海日出

肆 万千气象

肆 万千气象

人间仙境

肆 万千气象

雪压枝头

冰晶世界

肆 万千气象

山间冰瀑

雨洗山林

肆万千气象

白雾茫茫

金色的乡村

肆 万千气象

渔舟唱晚

081

肆 万千气象

星空璀璨

伍 自然与人

在钱江源国家公园范围内,涉及4个乡镇21个行政村,近万人口。这里的人与自然和谐共生,为了不对自然环境产生过度的影响,许多村落依旧保持着古老的生产生活方式。人们小心翼翼地维护着与自然的关系,大自然也毫不吝啬地回馈着这里的人们。

山间的村落和层层叠叠的梯田

伍 自然与人

希望的田野

古村高田坑,黄泥墙是这里的主色调

秋日光影

高田坑梨花飘香

台回山的晨曦

村民披着晨曦的光辉,日出而作

获救的林雕被放归自然

伍 自然与人

工作人员带领孩子们观察被放生的黄鼬，生态教育从娃娃抓起

长虹乡库坑村西坑自然村举办敬鱼文化节，主要活动为祭鱼神，充分表达了村民们对祖辈赖以生存的溪流之鱼的敬意，同时，这个活动还宣传了生态保护理念，提高了村民的禁渔自觉性，有助于共建和谐、生态、人鱼同乐的画卷。

伍 自然与人

苏庄镇古田村（原平坑村）每年古田保苗节都要举行一场仪式，人们抬着神像走进田陌，在田畈上插红、黄、蓝三色小旗，辅以锣鼓和唢呐伴奏。据说，凡巡游过的田畈都能无灾无病，稻谷丰收。其实，这是人类为了保苗给野生动物的一种善意的提醒和警示。

村民正在烘烤笋干

伍 自然与人

晒秋，是山区特有的农俗

原生态的养蜂基地

伍 自然与人

村民正在摊晒山茶籽

村居的日常

伍 自然与人

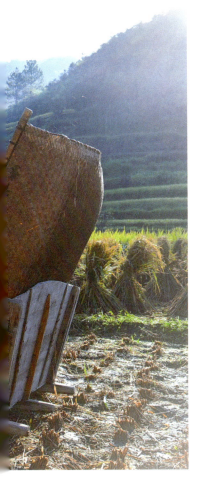

传统的农作依然在这里延续

湖边人家